Kristine Müller / Annette Krawietz

Grußkarten

aus Tonpapier

Urania-Ravensburger

Die Deutsche Bibliothek – CIP – Einheitsaufnahme
Grußkarten aus Tonpapier / Kristine Müller/Annette Krawietz. –
Berlin : Urania-Ravensburger, 1998
ISBN 3-332-00691-6

Umschlaggestaltung: Ekkehard Drechsel
Fotos: Christa Thoma
Zeichnungen: Heide Birkelbach
Satz: E. Weishaupt, Meckenbeuren
Gesamtherstellung: Magdeburger Druckerei
Printed in Germany
01 00 99 98 4 3 2 1
ISBN 3-332-00691-6

Inhalt

Tips und Hinweise

Selbstgestaltete Glückwunsch- oder Grußkarten verleihen jedem Geschenk eine ganz persönliche Note. In diesem Buch finden Sie Oster- und Weihnachtskarten sowie für viele weitere Gelegenheiten ansprechende Motive. Darunter befinden sich einfache Karten, die sich besonders zum Basteln mit Kindern eignen, aber auch aufwendigere, die schon für sich ein kleines Geschenk darstellen.

Material

Alle hier vorgestellten Glückwunschkarten sind aus Tonpapier und Tonkarton gearbeitet. Zusätzlich benötigen Sie Glanzpapier für die Weihnachtskarten. Unerläßliche Hilfsmittel sind:
Haushaltsschere, Nagelschere, scharfes kleines Küchenmesser oder Cutter, Lineal, Bleistift und Transparentpapier.
Für einige Glückwunschkarten benötigen Sie außerdem:
Seite 12: weißes Satinband, Seite 13 und 20: Ostergras, Seite 41: lila Satinband, Seite 53: Wattiervlies und gelber Futterstoff, Seite 57: Watte, Seite 60: Glimmerpulver.

Hinweise für das Nacharbeiten

Die Karte wird aus Tonkarton gearbeitet, die Motive aus dem dünneren Tonpapier. Sie haben auch die Möglichkeit, vorgefertigte Karten in verschiedenen Farben im Schreibwarenhandel zu kaufen. Die genaue

Anleitung zum Herstellen der Grundkarte entnehmen Sie der Beschreibung zur ersten Glückwunschkarte auf Seite 6.

Größe

Alle Vorlagen in diesem Buch sind in Originalgröße abgebildet. Die Glückwunschkarten werden aus einem Stück Tonkarton mit dem Format 29,7 × 21 cm hergestellt.

Ritzen

Strichlinien werden mit dem Cutter oder einem scharfen kleinen Küchenmesser angeritzt.

Beschriften

Hierzu eignen sich die im Schreibwarenhandel erhältlichen Abreibebuchstaben in verschiedenen Schriftarten.
Bei den Glückwunschkarten „Muttertagsüberraschung" und den Tierfaltkarten „Frosch" und „Maus" verwenden Sie kleine beschriftete Kärtchen. In das Kärtchen wird am Rand ein Loch eingestanzt und ein dünnes Band eingezogen. Dieses können Sie an einer beliebigen Stelle befestigen.

Tips zu den einzelnen Karten

Bei den aufwendigeren Karten ist es empfehlenswert, die einzelnen Papierteile in jeder Arbeitsphase zusammenzusetzten. Durch diese Kontrolle finden Sie rechtzeitig heraus, ob sich die Karte gut schließen bzw. exakt falten läßt. Stellen Sie Ungenauigkeiten fest, können Sie die Teile nochmals nachschneiden.

Hase in der Schachtel

Der Witz dieser Karte: Ist sie geschlossen, sieht sie aus wie eine stilisierte Schachtel mit einer Schleife. Beim Öffnen schaut ein kleiner Osterhase aus dem Korb. Die Ohren des Hasen bilden zugleich die äußere Schleife.

Fächer

Diese Karte im klassischen Fächermotiv ist Geschenk und Grußkarte zugleich. Der Fächer eignet sich zum Verschenken von Gutscheinen, Geld oder z. B. von Theaterkarten, die in einen Umschlag gesteckt und in den Fächer seitlich hineingeschoben werden.

Ein Stück Tonkarton, 25,0 × 18,0 cm, wird in der Mitte (genau 12,5 cm von der Schmalseite) gefalzt. Damit der Rand keine Knicke bekommt, sollten Sie die Papierseite, die später außen liegt, leicht einritzen. Markieren Sie dazu mit dem Bleistift zwei Hilfspunkte der Mittellinie und legen ein Lineal an. Mit Hilfe eines Cutters oder eines sehr scharfen kleinen Küchenmessers wird nun ein feiner Schnitt entlang des Lineals vorgenommen. Alle oben abgebildeten Teile werden ausgeschnitten (gleichartige Teile sind nur einmal als Vorlage angegeben) und mit einem Alleskleber auf die Karte geklebt. Die Anordnung entnehmen Sie der Abbildung von Seite 8.

In eine Karte, 12,5 × 18 cm, wird ein unten begradigtes Oval geschnitten. Hinter das Passepartout wird ein Stück rotes Tonpapier festgeklebt. Nun werden alle oben angegebenen Teile ausgeschnitten und entsprechend der Abbildung von Seite 9 aufgeklebt. Achten Sie stets darauf, daß nicht zuviel Klebstoff auf die Teile aufgetragen wird.
Ist das Motiv der Glückwunschkarte fertiggestellt, wird auf der Innenseite ein Stück, 12,5 × 18 cm, des Grußkartenkartons aufgeklebt. Somit ist das von innen angebrachte Tonpapier ganzseitig bedeckt.

Kartenformat: 14,8 × 21 cm. Die Teile ausschneiden und aufkleben. Klebstoff auf die Seitenteile des Eis auftragen und leicht gewölbt andrücken. Aus Satinband eine Schleife, deren Breite ca. 6,5 cm beträgt, binden. Die Bandenden auf jeweils ca. 4 cm kürzen. Die Schleife auf dem Ei festkleben.
Vorlage zu Seite 12.

Diese Glückwunschkarte eignet sich zum Basteln mit Kindern.
Aus dem aufgesprungenen Ei ragt etwas Ostergras hervor. Wenn Sie diese Karte nicht verschicken, können Sie als besonderen Effekt noch zusätzlich etwas Gras aus dem Garten in die Eihälfte stecken.
Vorlage zu Seite 13.

FROHE
OSTERN !

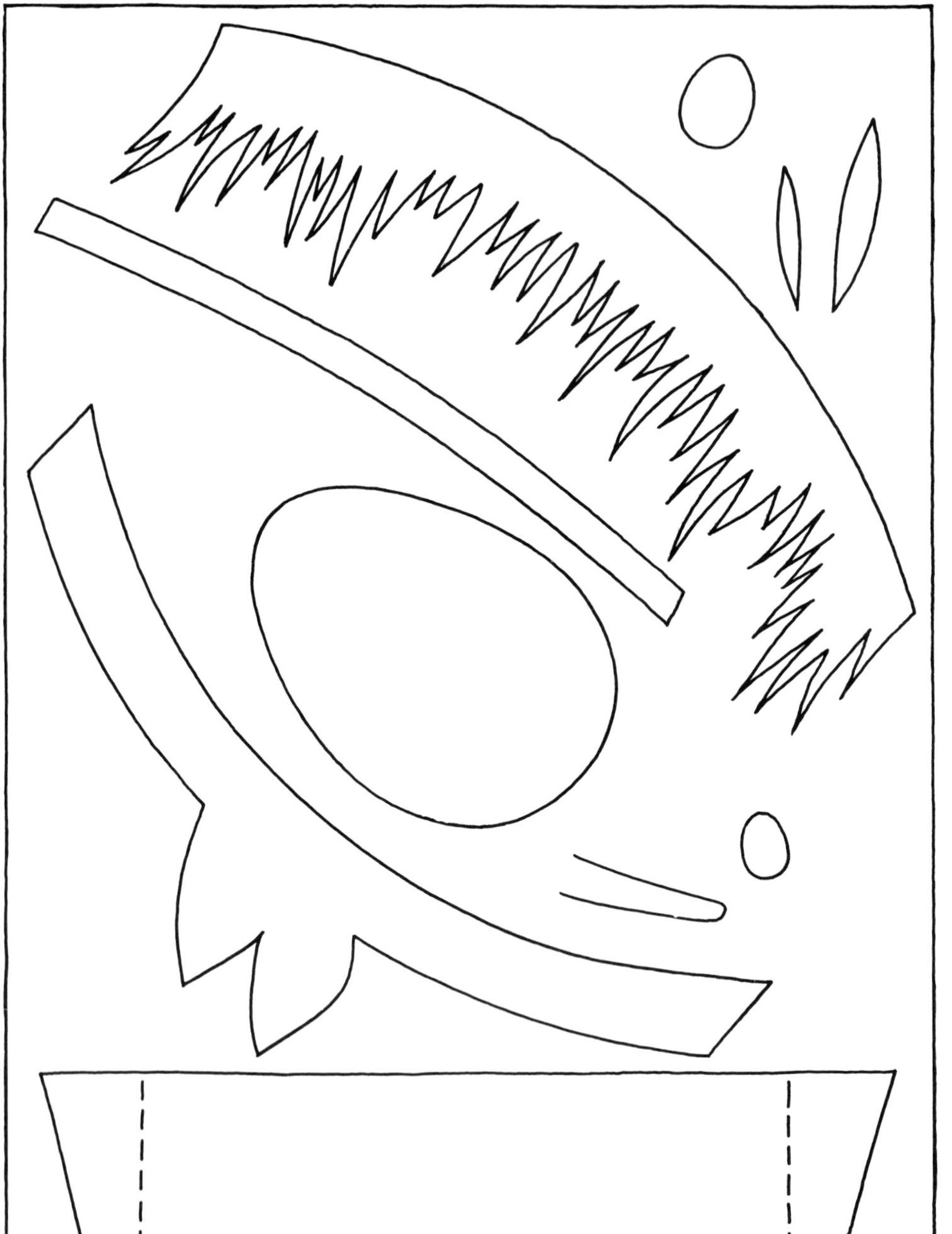

Vorlagen zu Seite 16
und 20

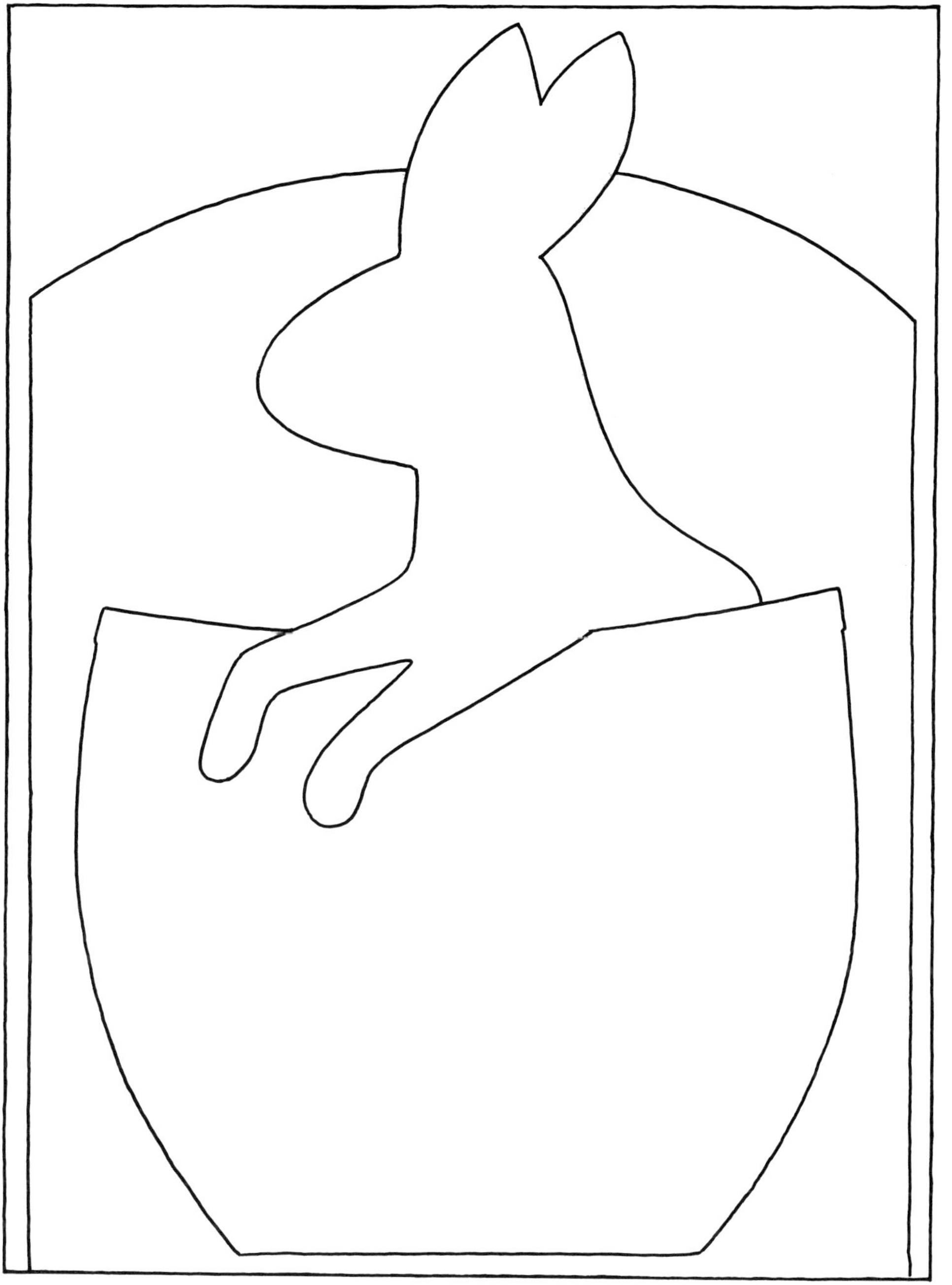

Vorlagen zu Seite 16

FROHE
OSTERN

ALLES LIEBE

Die Grundkarte, Seite 22, und die Motivteile, Seite 18 und 19, ausschneiden. Die Grundkarte oben um 5,5 cm und unten um 6,5 cm verlängern. Zuerst den blauen und anschließend den grünen Hintergrund festkleben. Die Graspartie wird in dem Schlitz (siehe Vorlage) festgeklebt. Von hinten werden die Schnitte der Grundkarte nachgezogen. Die Falze werden nachgefalzt. Das Osterei wird auf dem unteren Sockel befestigt. Der Hase wird aus allen Motivteilen fertiggestellt und an die Front des höheren Sockels angeklebt. Die Karte muß sich jetzt problemlos öffnen und schließen lassen. Im unteren Kartenraum ist Platz für eine Beschriftung.

Die Vorlage finden Sie auf Seite 14

Die Vorlage finden Sie auf Seite 11

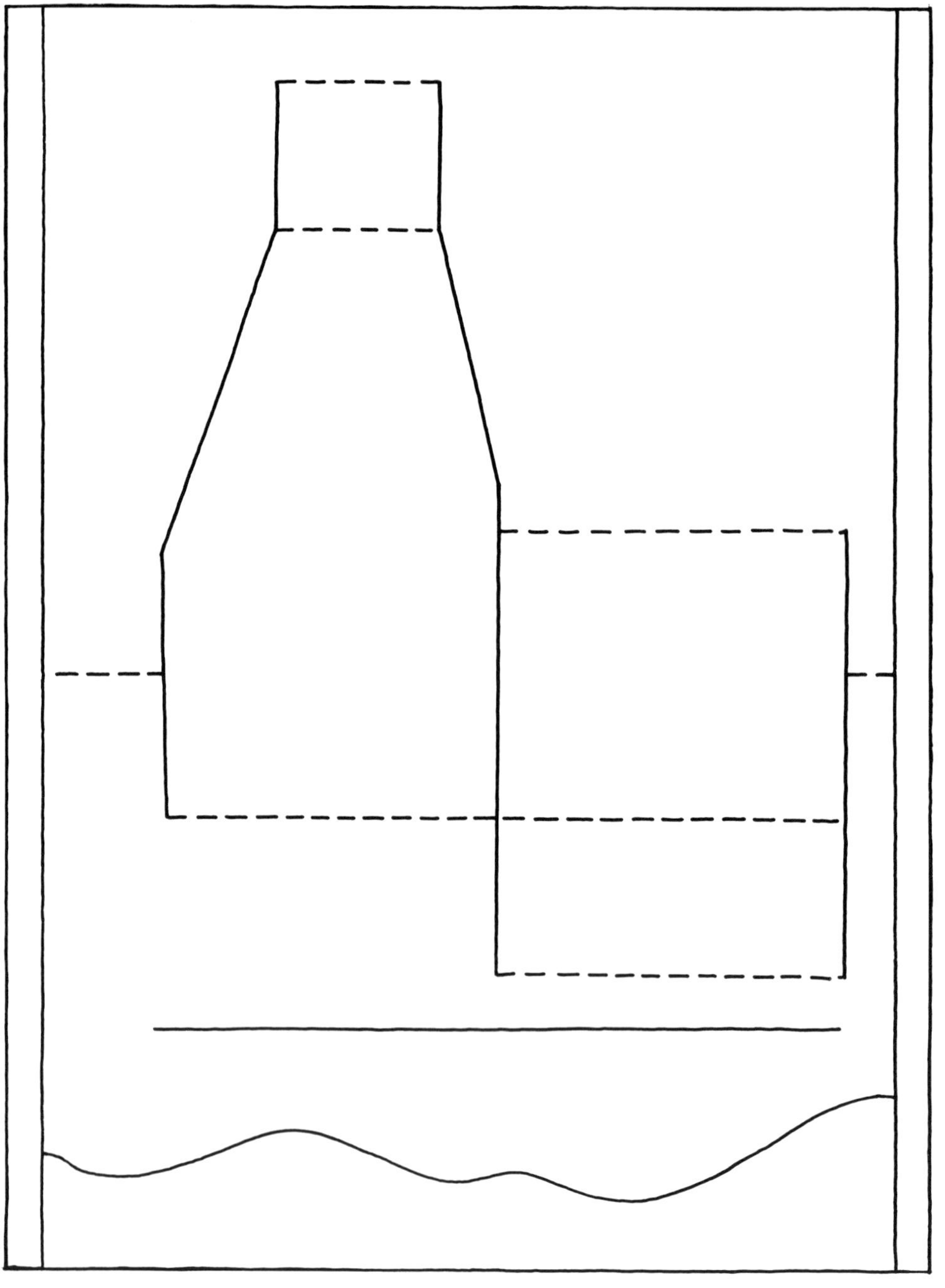

Vorlage der Grundkarte von Seite 17

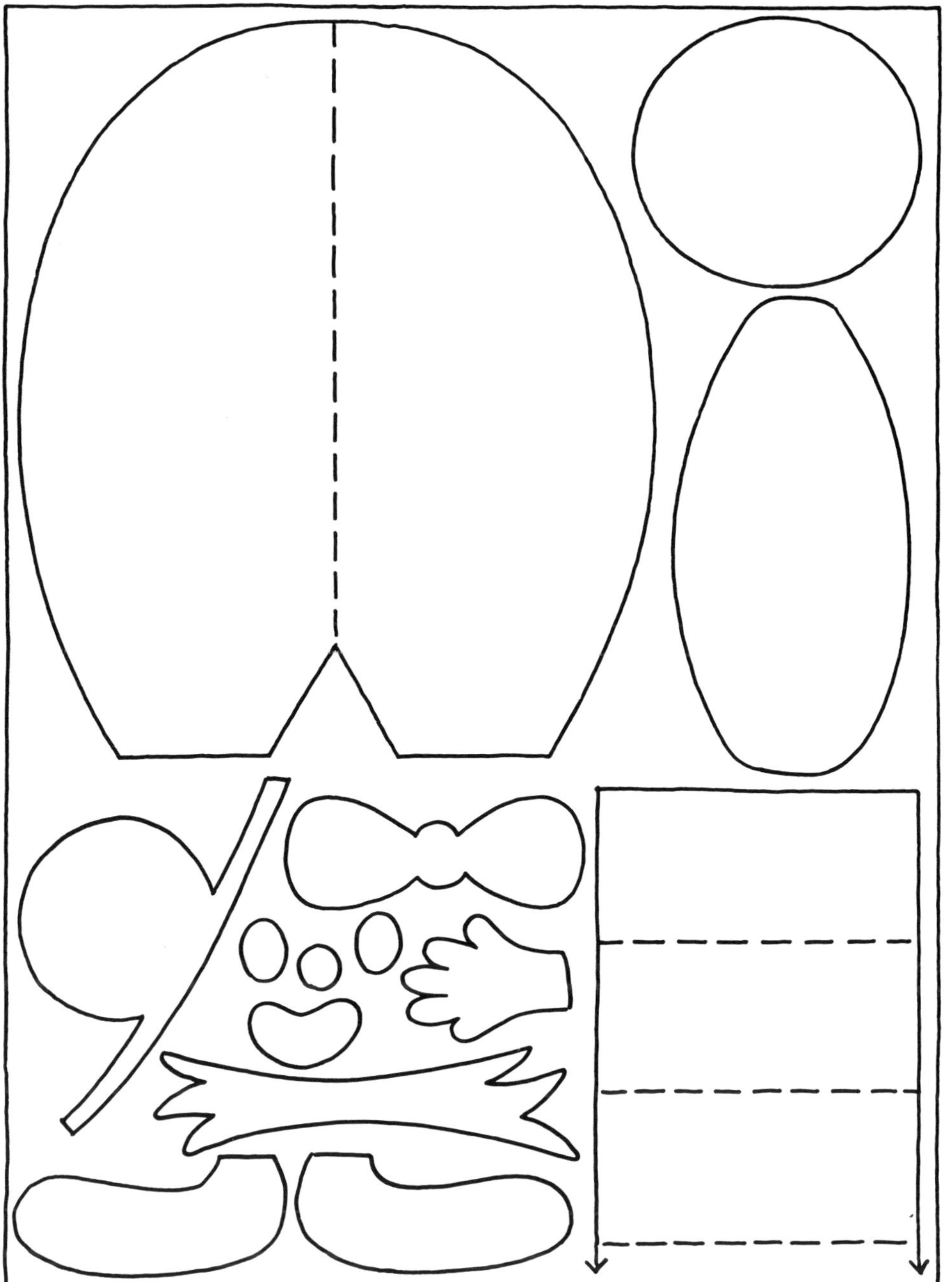

Vorlage zu Seite 24

Frosch

In der Vorlage Frosch auf Seite 26 und 27 finden Sie zwei Teile: den Kopfteil und den Körperteil. Beim Zuschneiden dieser Glückwunschkarte haben Sie ein einziges Stück Tonpapier. Gehen Sie folgendermaßen vor: Der Kopfteil wird an den eingezeichneten Verbindungspunkten angesetzt. Der Körperteil wird an der unteren Strichlinie gespiegelt. Wie aus der Vorlage ersichtlich ist, befinden sich die Arme im Mittelteil. Dies verdeutlicht die kurze durchgezogene Linie neben den Schenkeln. Schneiden Sie das Motiv aus und ritzen Sie alle Strichlinien mit dem Cutter an. Anschließend wird der untere Teil nach oben geklappt. Die Arme werden nach vorne geschlagen. Der Kopfteil wird nach unten geklappt. Zum Schluß bringen Sie die Augen und die Zunge an. Die Karte liegt nun flach vor Ihnen. Fassen Sie mit einer Hand in das Mittelstück der Karte und ziehen Sie es nach vorne. Gleichzeitig halten Sie mit der anderen Hand die Karte seitlich fest. Jetzt können Sie den Frosch aufstellen. Vergleichen Sie dazu die Abbildung von Seite 28.
Die Glückwunschkarte kann innen beschriftet werden. Dazu ist es jedoch notwendig, daß der Beschenkte sie ganz öffnet. Sie können auch eine kleine Karte (Beschreibung Seite 5) an einem Arm anhängen.

Maus

Die Maus wird nach dem selben Prinzip gearbeitet wie der Frosch. In der Vorlage von Seite 30 und 31 ist der untere Teil bereits gespiegelt eingezeichnet.
Nach dem Zuschneiden des Tonpapiers muß der Kopf mit den Ohren an den Körperteil angeklebt werden. Ist der Kopf auf diese Weise befestigt, kann er nicht mehr nach oben aufgeklappt werden.

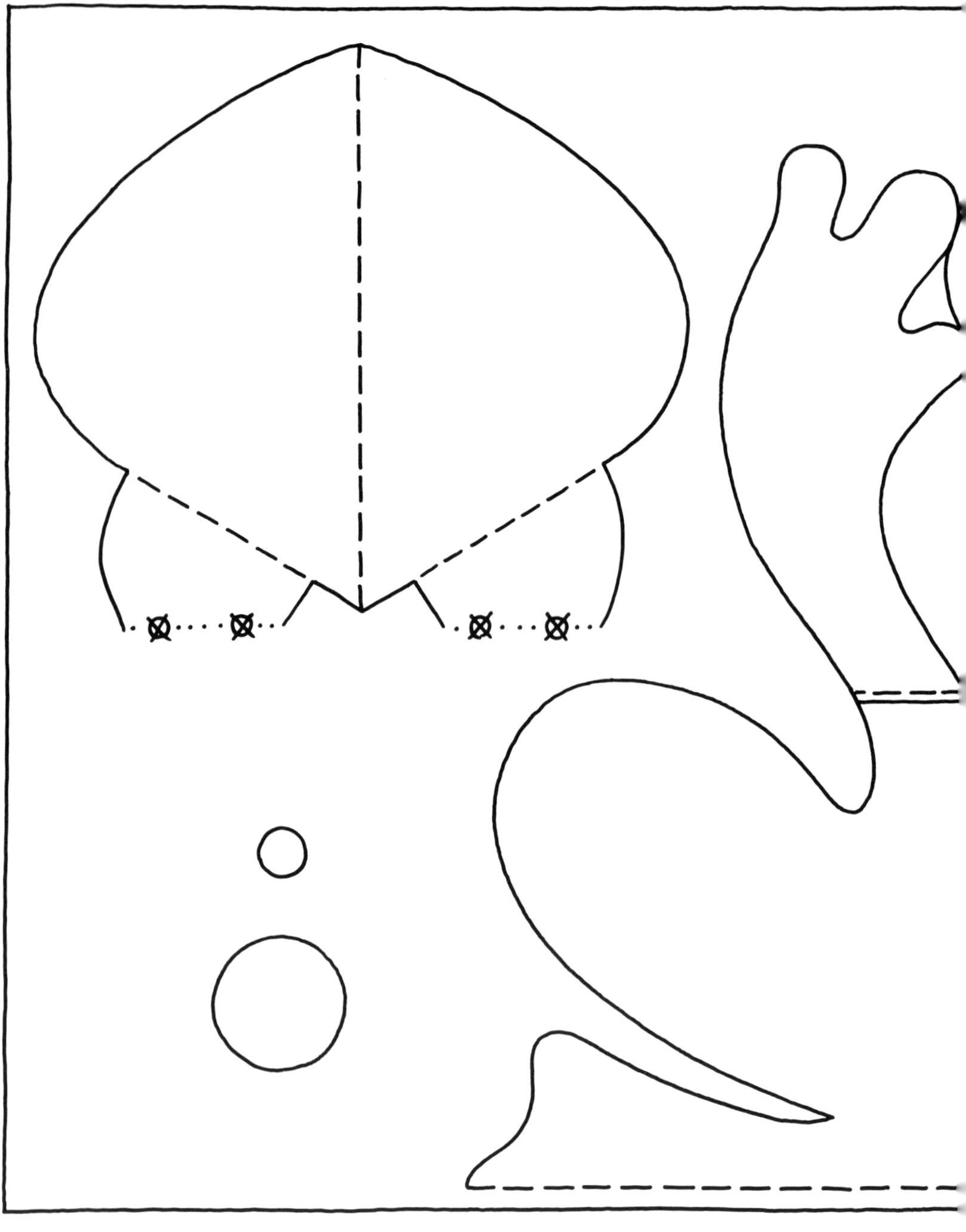

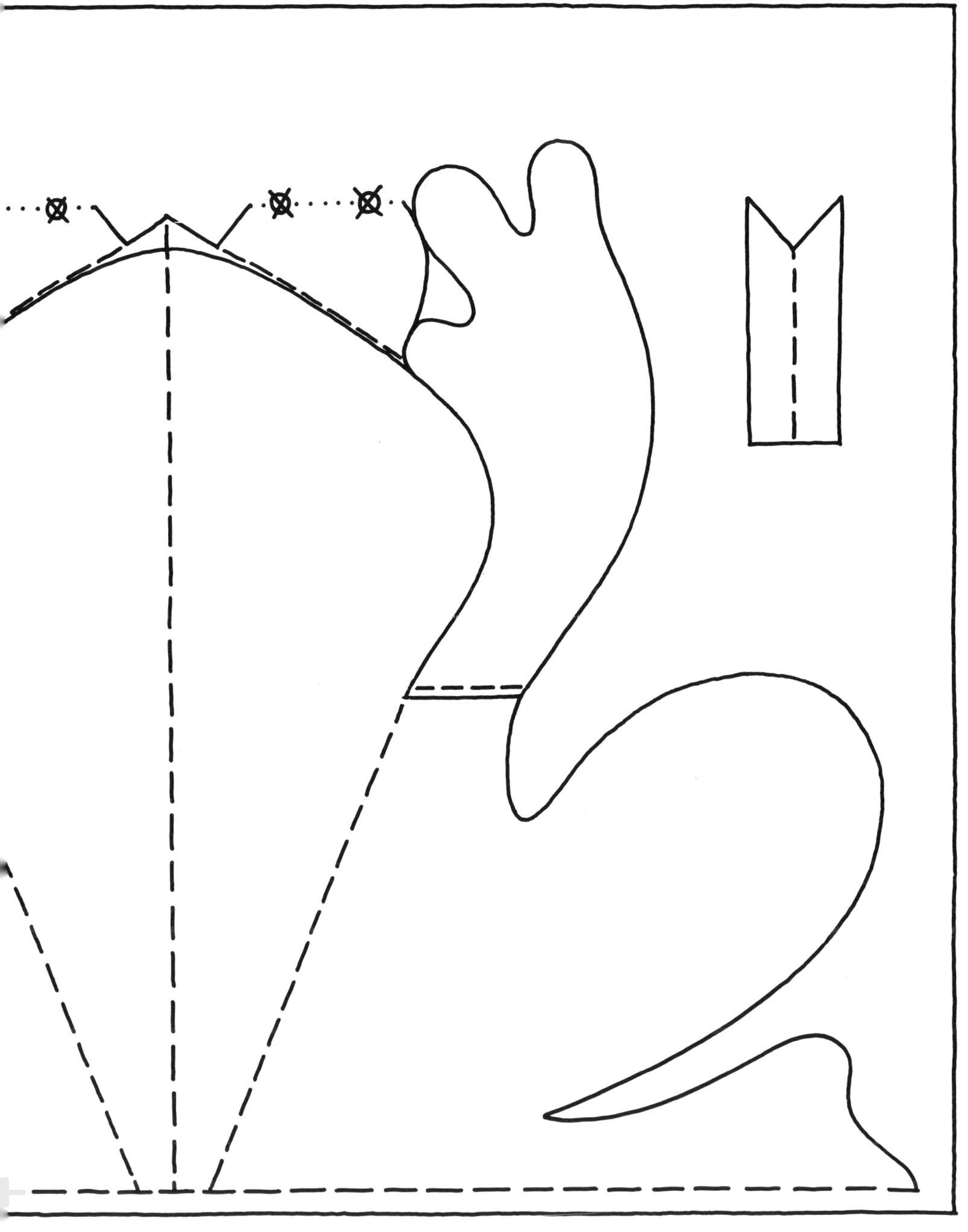

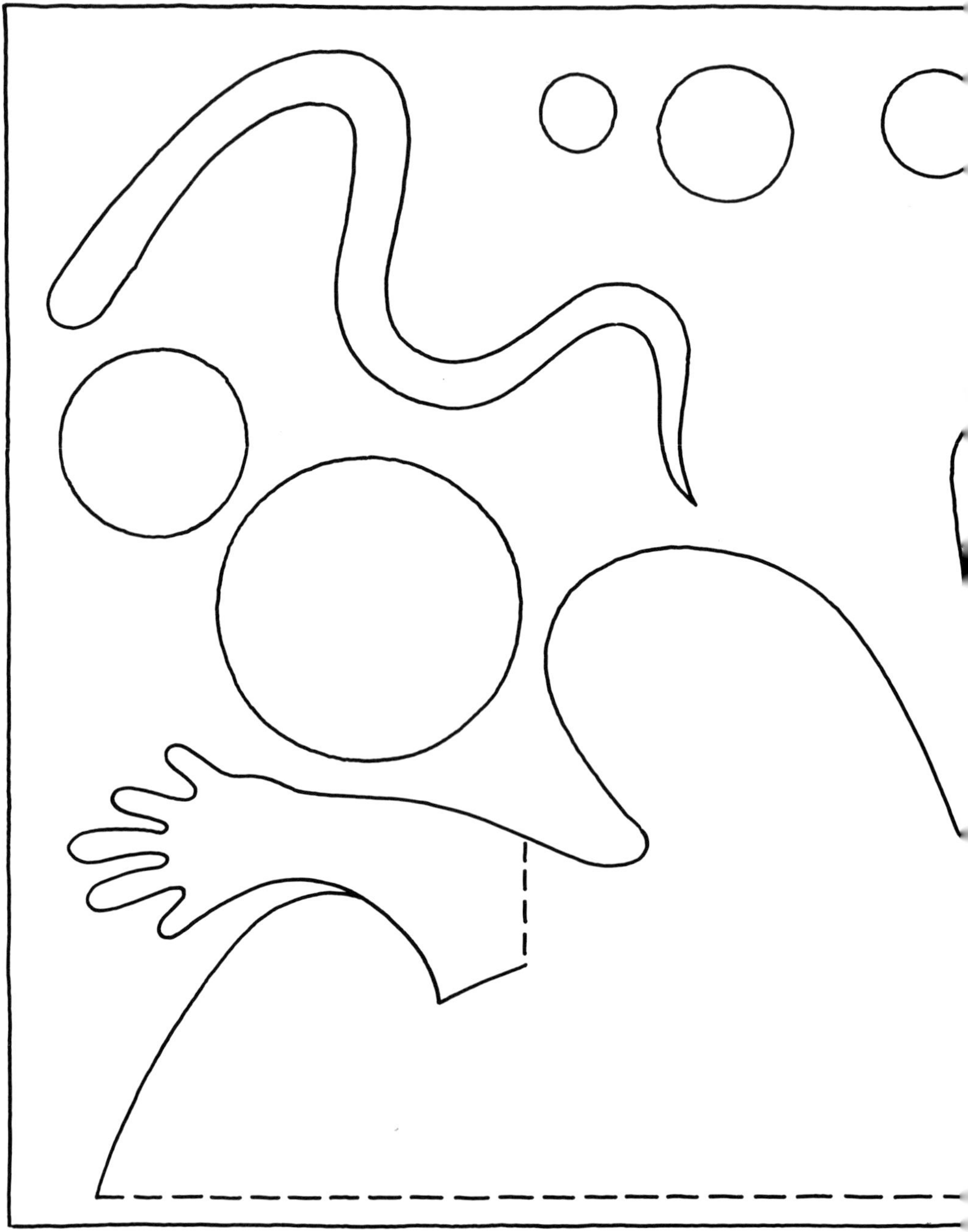

Vorlage zu Seite 29

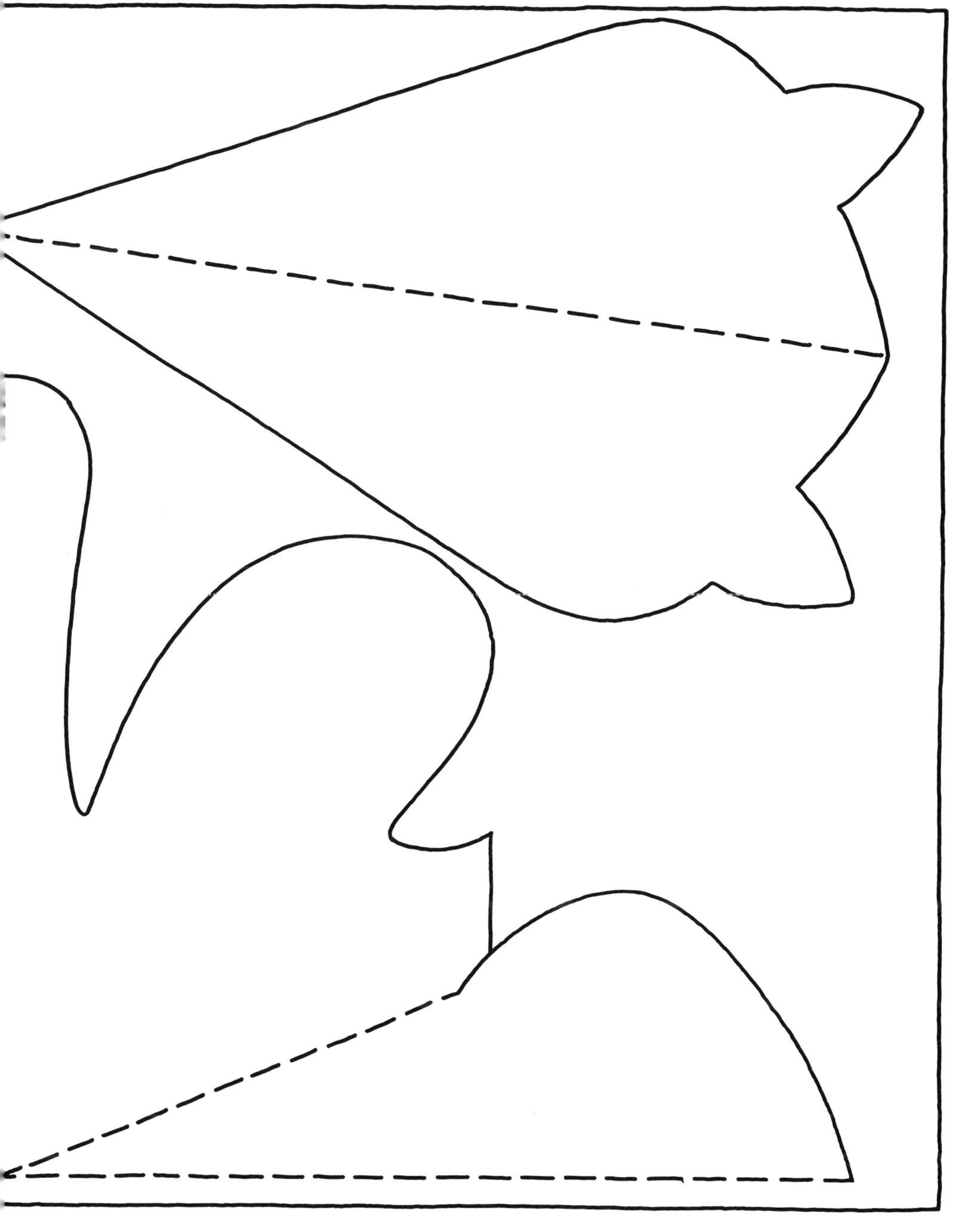

HERZLICHEN GLÜCKWUNSCH

Fächer

Zunächst basteln Sie drei Fächer aus Tonkarton. Der kleine: 24 × 132 cm, der mittlere: 28 × 180 cm, der große: 28 × 192 cm. Um diese großen Teile zu erhalten, müssen Sie den Karton aneinanderkleben. Bringen Sie alle 3 cm einen Falz an. Die Fächer werden mit einer Ledernadel an der unteren Seite durchstochen und mit einem starken Zwirn zusammengezogen. Alle Fächer aufeinanderkleben, so daß unten eine Standfläche entsteht. Ein schwarzes Stück Tonkarton unter die Fächer legen und an der hinteren Kante der Standfläche falzen. An der Standfläche ankleben und den überstehenden Karton abschneiden. Den Karton an der Rückseite ankleben und um den großen Fächer eine Rundung von jeweils 2 cm stehenlassen. Je nachdem, wie groß die Öffnung in der Mitte der Fächer ist, schneiden Sie eine halbrunde Scheibe und kleben sie darauf. Die Buchstaben werden mit Kneti angedrückt.

Muttertagsüberraschung

Schneiden Sie die Vorlagen von den Seiten 36 bis 39 aus. Die Sternteile sind hier im eingeklappten Zustand abgebildet. Beim Zuschneiden des Papiers befinden sie sich rechts und links des mittleren Rechtecks. Ebenso finden Sie das Unterteil in der Vorlage nach oben geklappt. Sie müssen es auf Ihrem Papier nach unten geklappt einzeichnen. Die Rosenblüte besteht in der Vorlage aus zwei Teilen. An den eingezeichneten Verbindungsstellen setzen Sie die Teile zusammen. Schieben Sie die Rose mit den Füßchen durch die Schlitze im Unterteil und klappen dieses nach oben. Dabei werden die Füßchen umgeknickt. Die beiden Sternteile klappen Sie nach innen und schieben sie unter die Rose. Jetzt liegt ein Rechteck vor Ihnen, die Rosenblüte ragt darüber hinaus. Nehmen Sie die Rose an den Seiten und drücken Sie sie etwas zusammen. Nun klappen Sie das Rechteck in der Mitte zusammen. Die Rosenblüte darf nicht mehr sichtbar sein. Die offene Seite im untersten Drittel gut zusammenkleben. Wenn Sie diese Seite und die gegenüberliegende mit zwei Fingern drücken, springt das Viereck auf, Vorlage zu Seite 32, und die Rose schiebt sich nach oben. Zum Abschluß können Sie noch ein Kärtchen anbringen.

Vorlage zu Seite 32

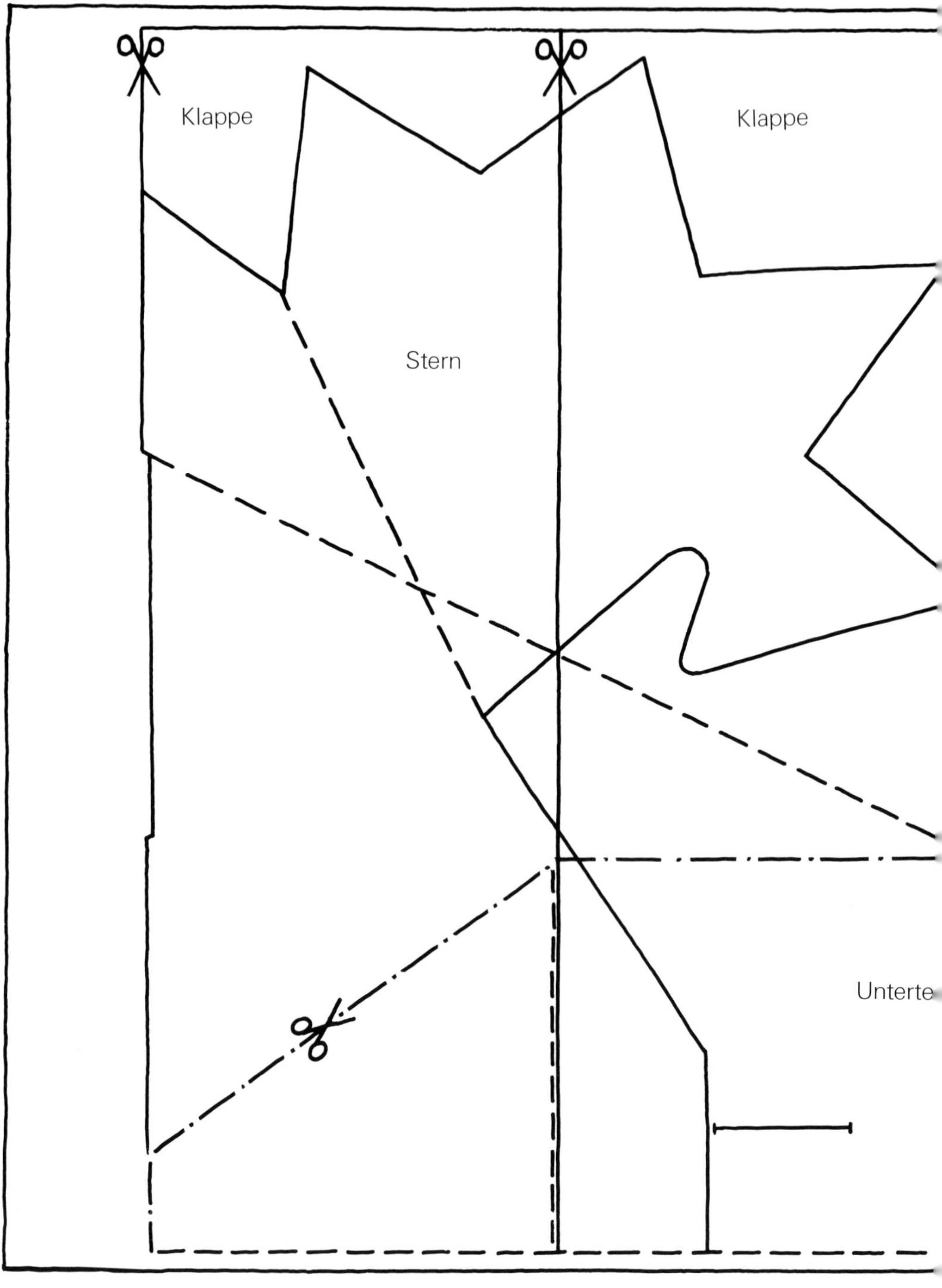
Klappe
Klappe
Stern
Unterte

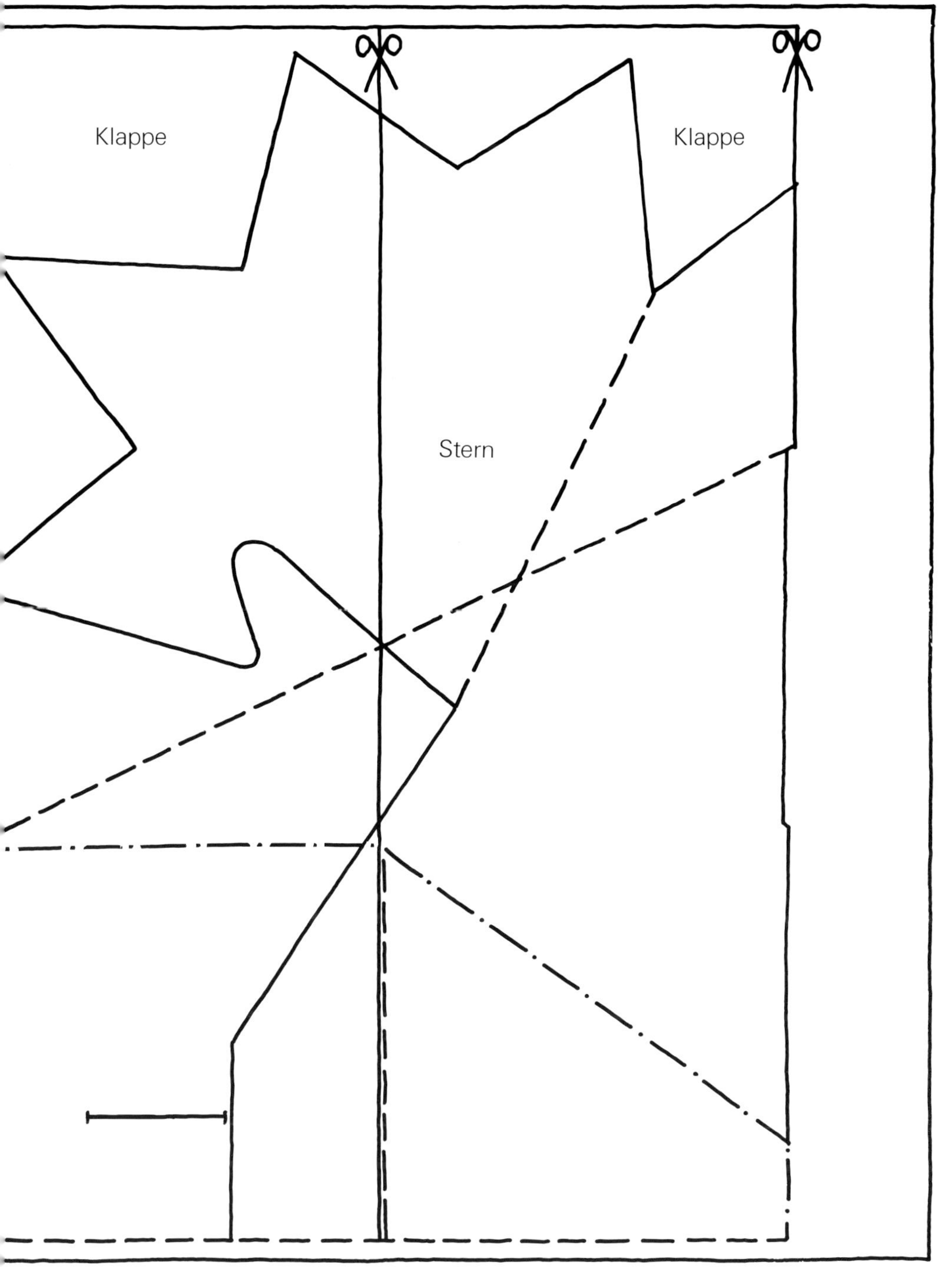
Klappe
Klappe
Stern

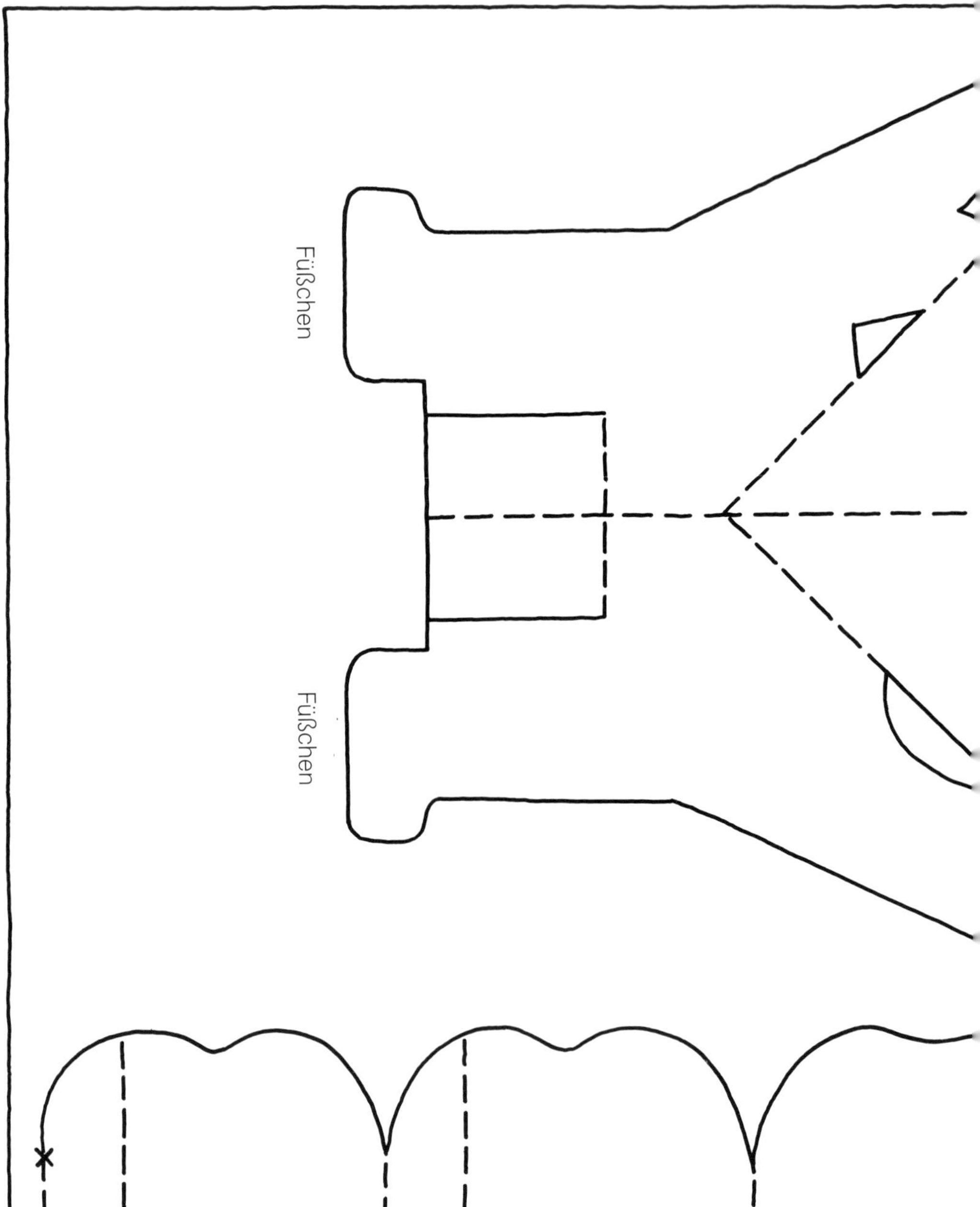
Füßchen
Füßchen

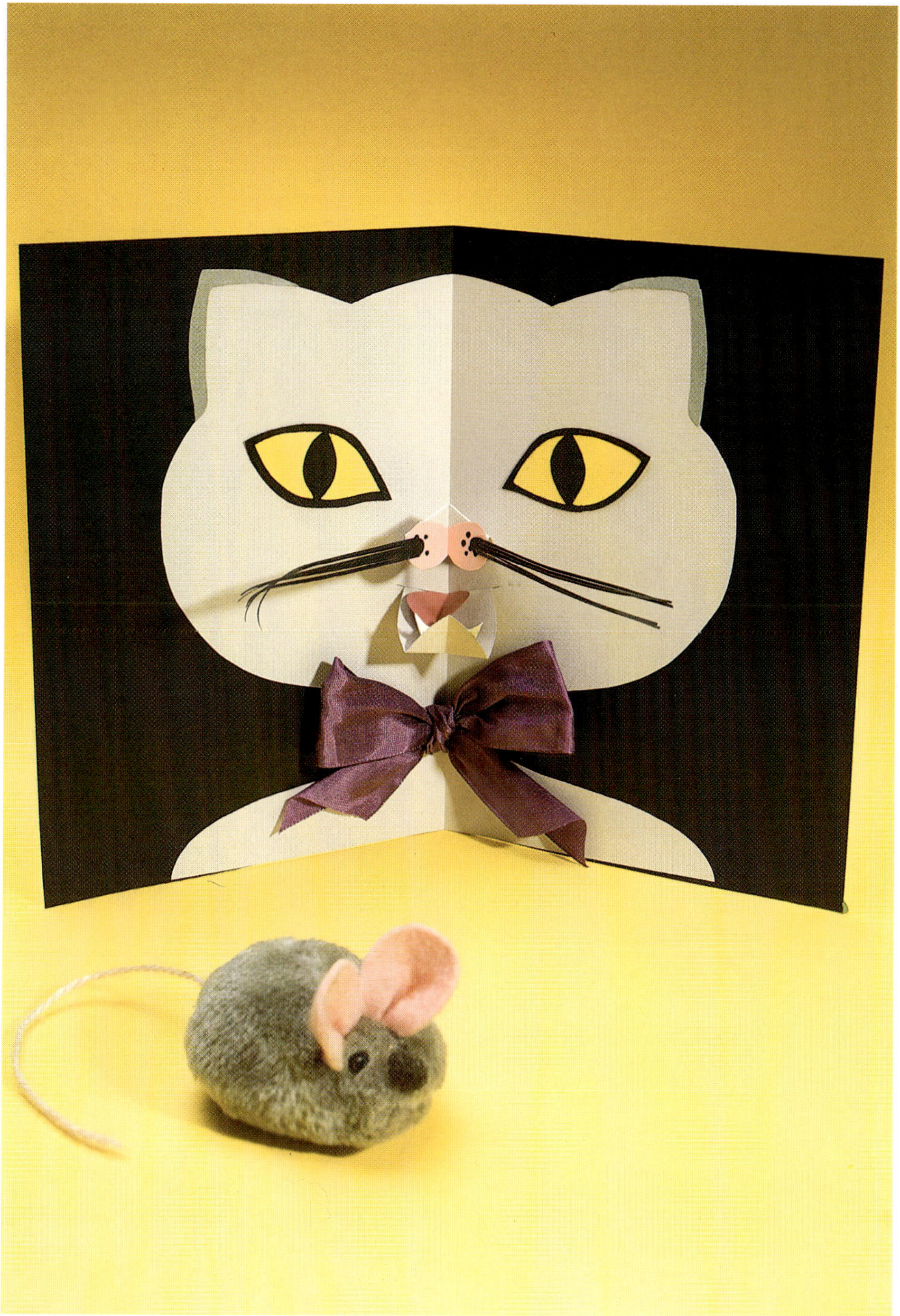

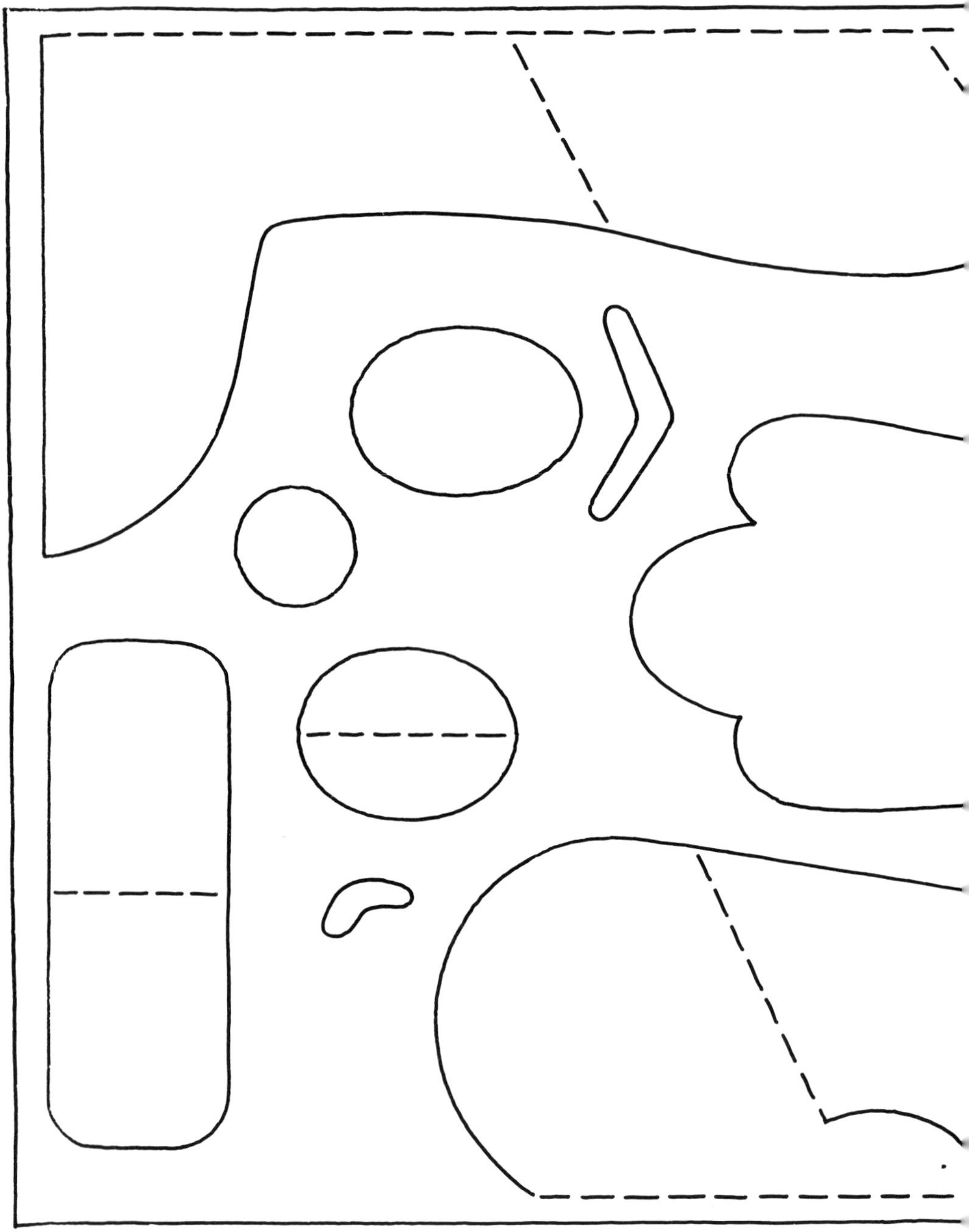

Vorlage zu Seite 40

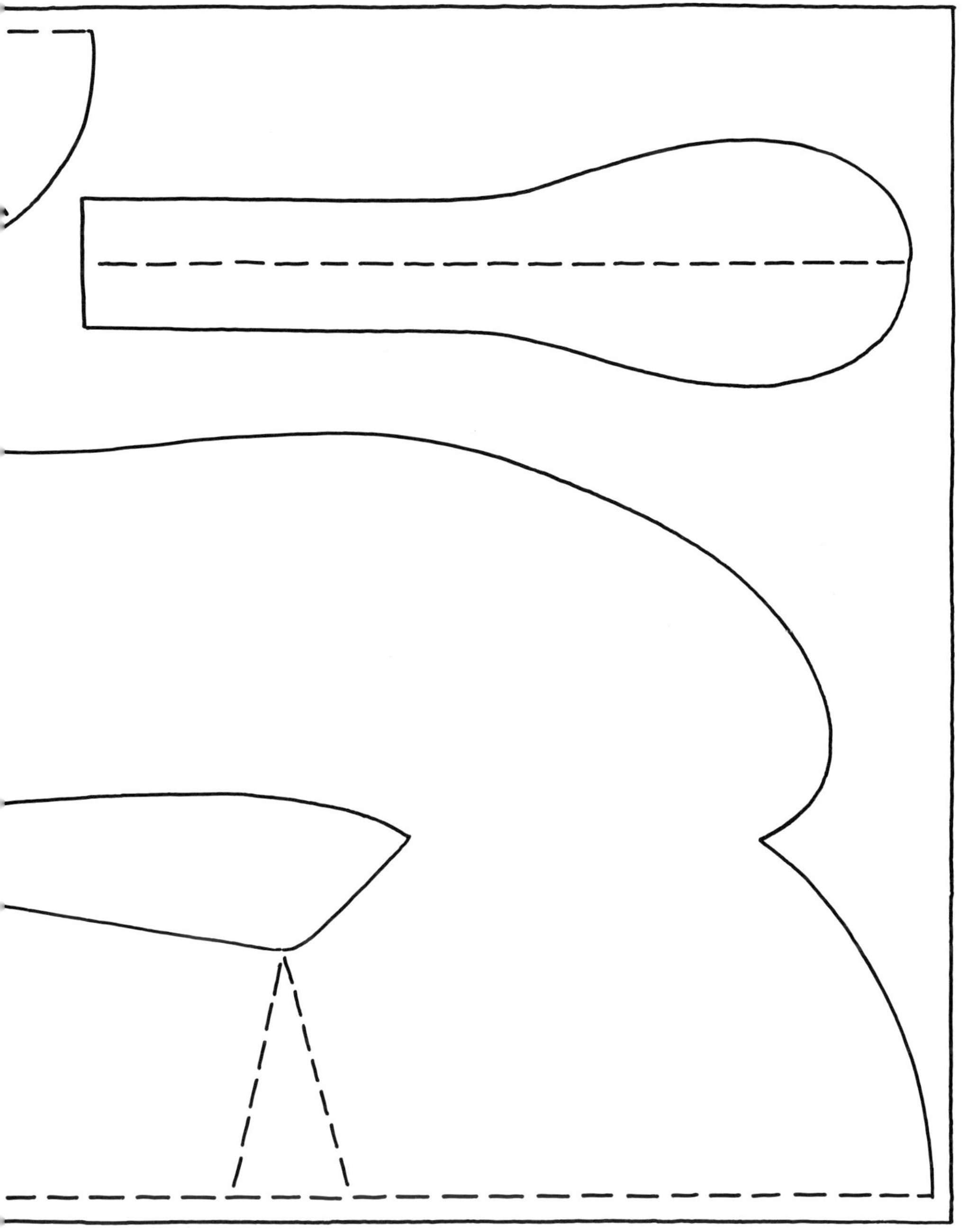

Vorlage zu Seite 41

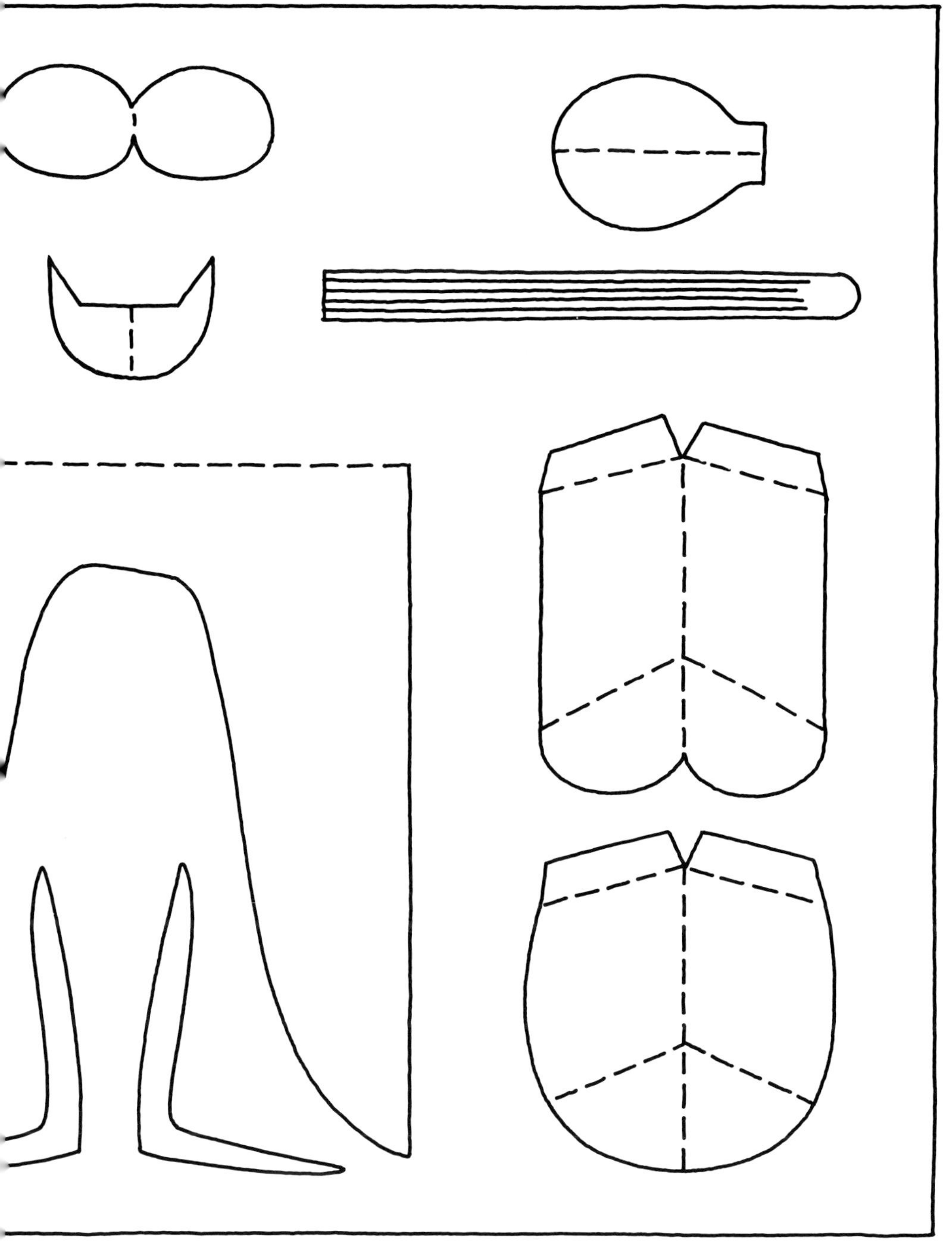

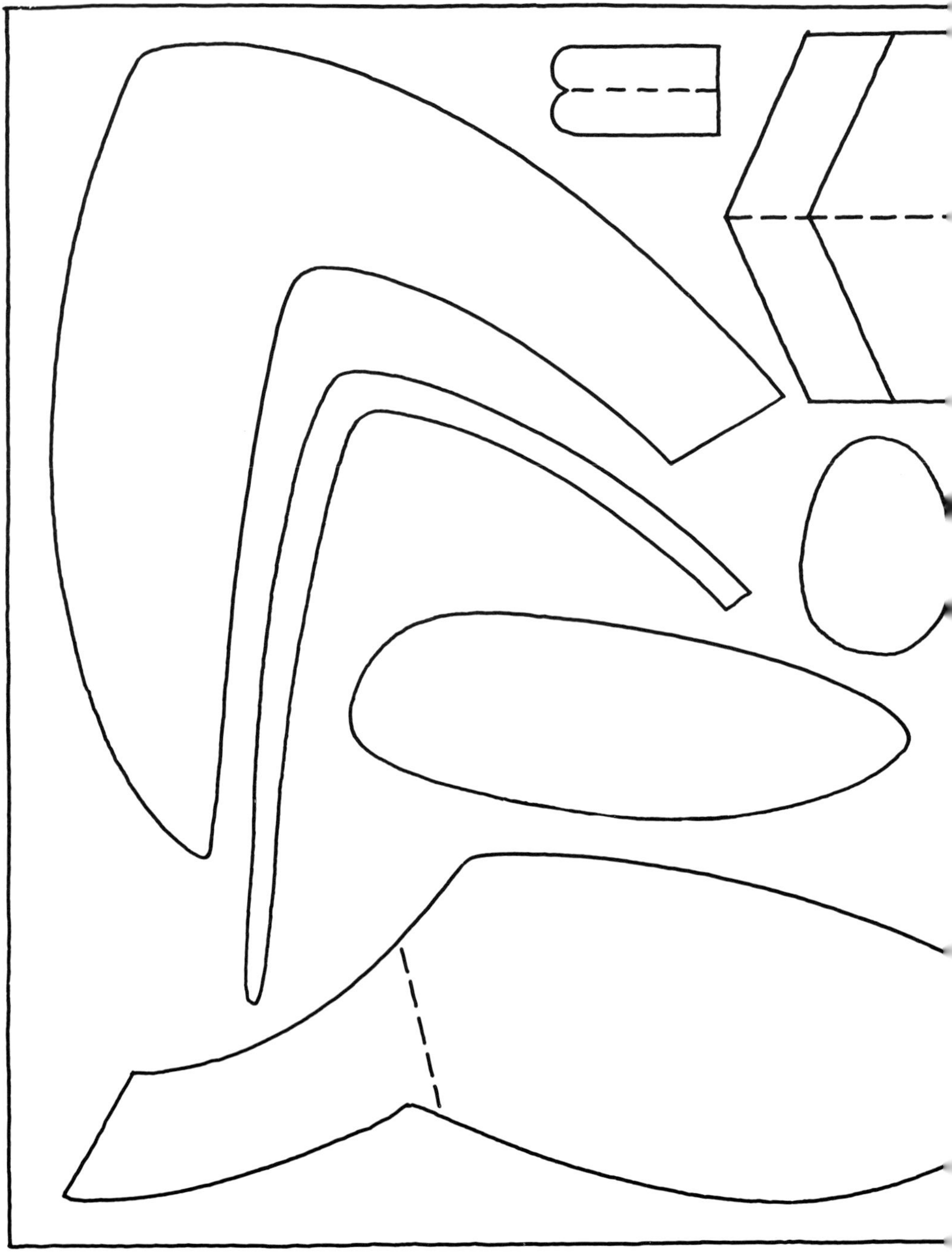

Vorlage zu Seite 48

VIEL GLÜCK

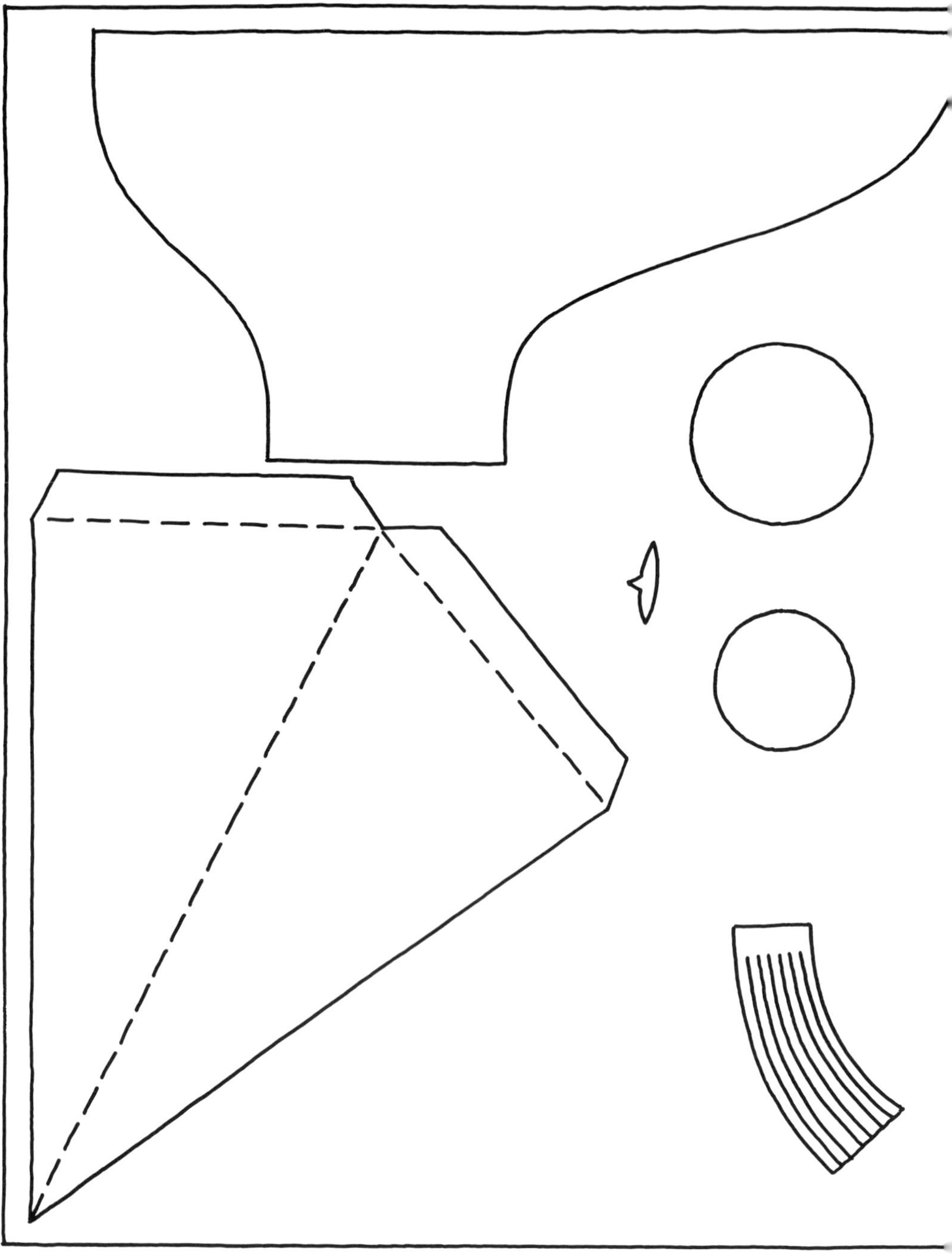

Vorlage zu Seite 49

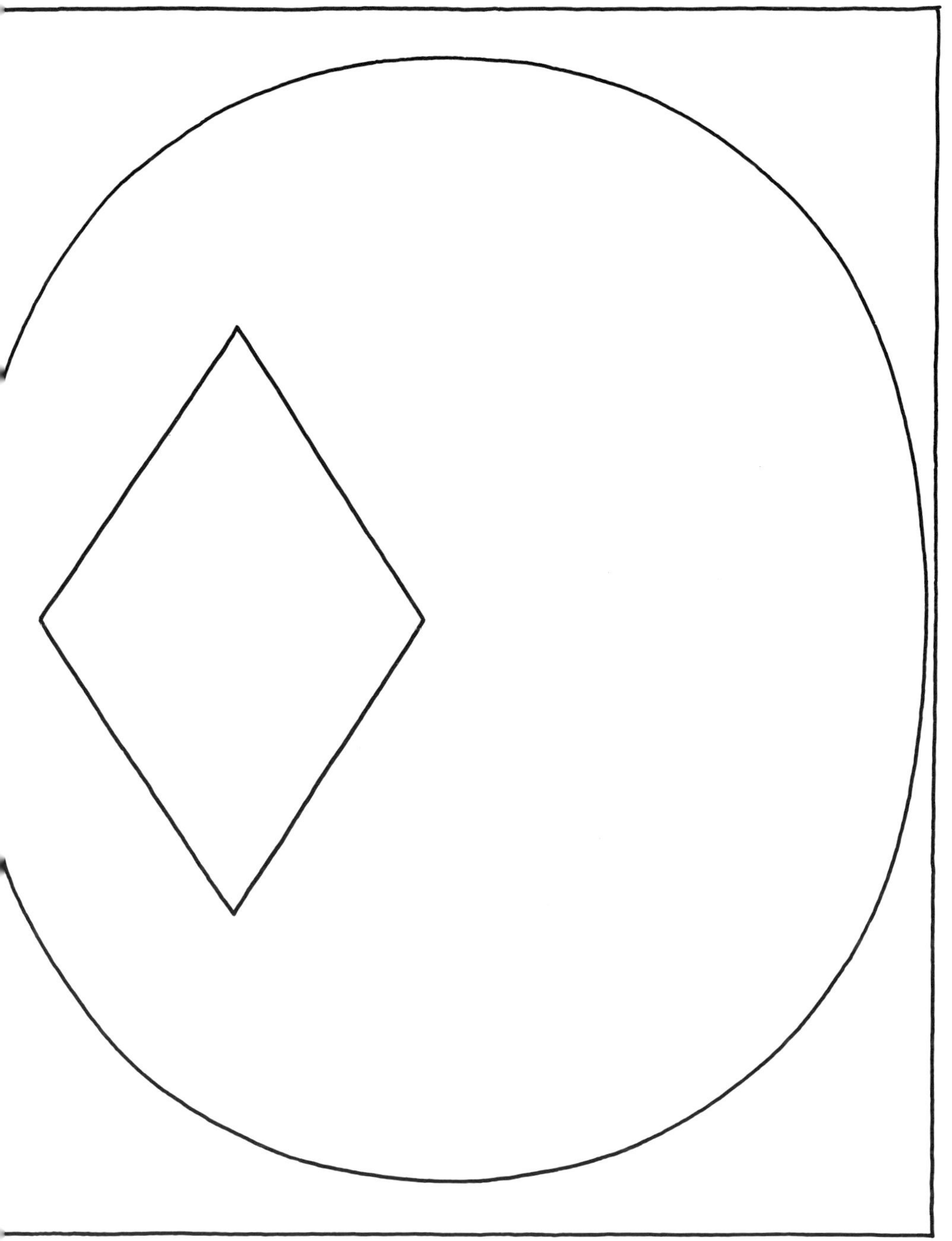

Auch die auf den vorangegangenen Seiten abgebildeten Tierkarten werden alle nach dem selben Prinzip gebastelt.
Beim Öffnen und Schließen der Glückwunschkarte bewegt sich das Maul bzw. der Schnabel der Tiere.

Hund

Der Hundekopf besteht aus zwei Teilen. Schneiden Sie alle Motivteile aus. Wenn alle Strichlinien eingeritzt sind, werden die Teile auf die Karte geklebt. Prüfen Sie schon während des Einklebens, ob sich die Karte öffnen und schließen läßt. Gibt es hierbei Probleme, können Sie noch einmal alle Ritz- und Schnittstellen mit der Vorlage vergleichen. Achten Sie zusätzlich darauf, daß kein Teil des Tierkopfes über die Glückwunschkarte hinausragt.

Katze, Hase und Vogel

Diese Tiermotive bestehen aus einem Kopfteil. In den Kopf werden exakte Schnitte mit dem Cutter gezogen. Der Teil für das Maul bzw. den Schnabel wird in diese Schlitze hineingeschoben und festgeklebt. Hier ist äußerst akkurates Arbeiten unerläßlich, sonst schließt sich die Karte nicht einwandfrei.
Zur Verzierung der Katze wird am Hals eine kleine Schleife aus lila Satinband angebracht. Binden Sie dazu eine einfache Schleife, die ungefähr 5 cm breit ist. Schrägen Sie die Bandenden nach 3 cm ab. Auf der Rückseite der Schleife wird Klebstoff aufgetragen. Die Schleife wird vorsichtig an die Karte gedrückt. Achten Sie darauf, daß seitlich kein Klebstoff hervorquillt. Solche unerwünschten Spuren lassen sich kaum entfernen.

Weihnachtsmann

Für den Weihnachtsmann schneiden Sie alle Motivteile aus. Nehmen Sie ein Stück weißen Fotokarton und schneiden Sie daraus ein passendes Stück als Hintergrund. An der Mützenunterseite wird rechts und links ein kleiner Schlitz angebracht. Ziehen Sie durch beide Schlitze ein Stück von einem Papiertaschentuch hindurch. Mit einer Pinzette können Sie sich die Arbeit erleichtern. Bis auf die Hände werden alle Motivteile aufgeklebt. Das Säckchen wird auf den Weihnachtsmann aufgeklebt. Bringen Sie jetzt die Hände mit ein wenig Klebstoff so an, daß sie das Säckchen etwas überlappen.

Säckchen

Nähen Sie aus einem Stück Futterstoff ein kleines Säckchen.
Die Maße: 6 × 15 cm
Legen Sie den Stoff doppelt, so daß ein kleines Rechteck entsteht, und nähen Sie beide Längsseiten zu. Lassen Sie dabei einen knappen Zentimeter Nahtzugabe stehen. Drehen Sie nun das Säckchen um. An der Öffnung schlagen Sie 1,5 cm nach innen und steppen den Stoff in 1 cm Höhe ab. Mit einer feinen Kordel wird das Säckchen zugezogen.

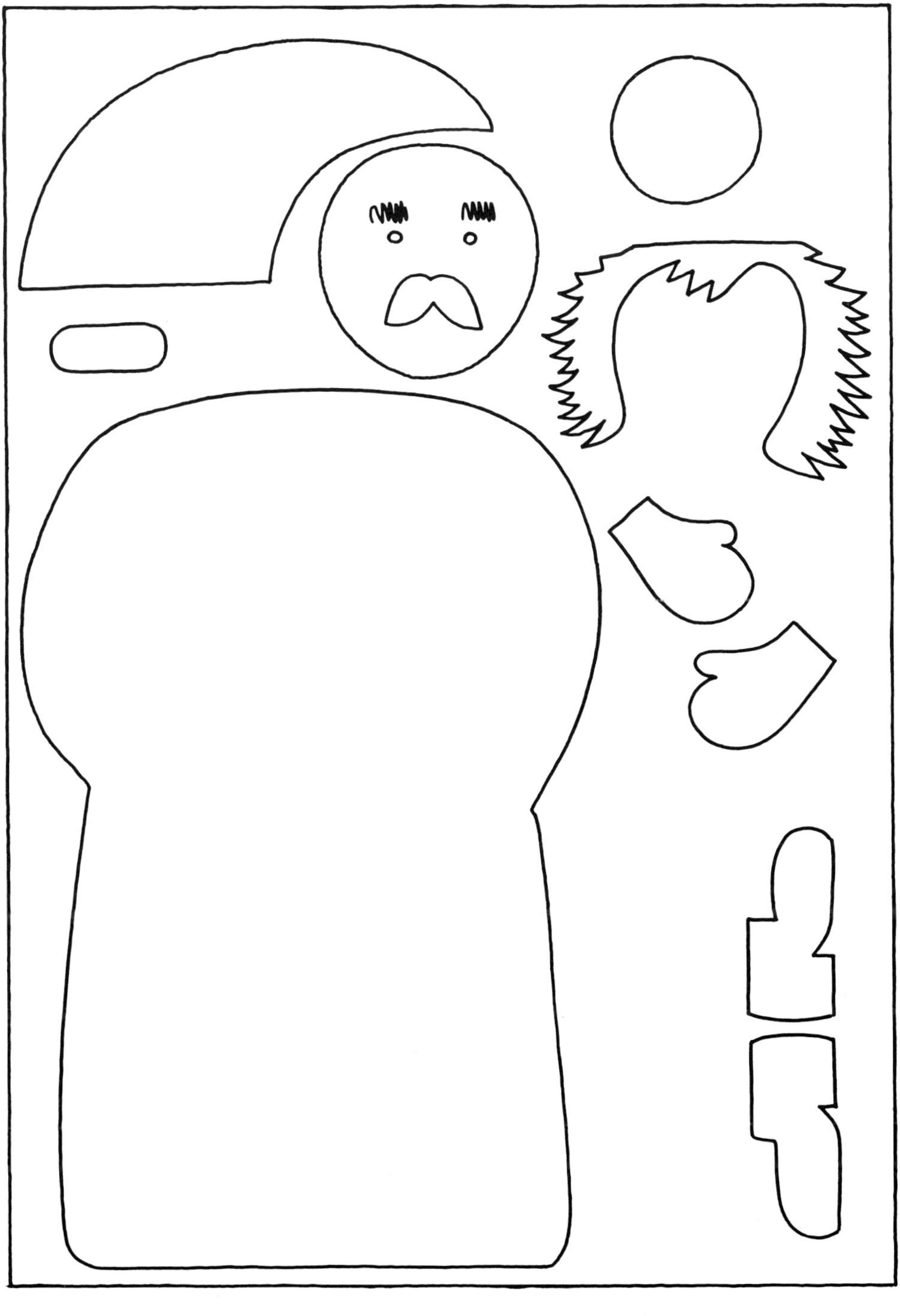

Vorlage zu Seite 56

Vorlage zu Seite 57

Die Pfeillinien stehen für
die Kartenränder.